中国农业科学院
年度报告
CAAS ANNUAL REPORT

2019

中国农业科学院国际合作局 编

U0321152

中国农业科学技术出版社

图书在版编目（CIP）数据

中国农业科学院年度报告. 2019 / 中国农业科学院
国际合作局编. -- 北京：中国农业科学技术出版社, 2020.12
ISBN 978-7-5116-5109-9

Ⅰ. ①中… Ⅱ. ①中… Ⅲ. ①中国农业科学院　研究

报告-2019 Ⅳ. ①S-242

中国版本图书馆CIP数据核字(2020)第247771号

英文版翻译　　中国日报社
设　　　计　　苏靖博
责 任 编 辑　　张志花
责 任 校 对　　李向荣
出 版 者　　中国农业科学技术出版社
　　　　　　　北京市中关村南大街 12 号　邮编: 100081
电　　　话　　（010）82106636（编辑室）　（010）82109702（发行部）
　　　　　　　（010）82109709（读者服务部）
传　　　真　　（010）82106631
网　　　址　　http://www.castp.cn
经 销 者　　各地新华书店
印 刷 者　　北京科信印刷有限公司
开　　　本　　880毫米 ×1230毫米　1/16
印　　　张　　3.25
字　　　数　　100千字
版　　　次　　2020年12月第1版　2020年12月第1次印刷
定　　　价　　68.00 元

《中国农业科学院年度报告2019》
编 委 会

院长致辞

　　2019年是中华人民共和国成立70周年，是决胜全面建成小康社会第一个百年奋斗目标的关键之年，也是我院深入学习贯彻习近平总书记致中国农业科学院建院60周年贺信精神两周年。全院认真贯彻落实党中央、国务院决策部署和农业农村部党组工作要求，农业基础研究和核心技术攻关实现重大突破，成果转化力度持续增强，人才结构不断优化，研究生教育水平再上新台阶，平台布局更加完善，支撑保障能力不断提高，充分彰显了国家队的使命与担当。

　　2019年，全院共新增主持科研项目3049项，同比增长7.4%。以第一完成单位获得国家科学技术奖7项，连续两年实现三大奖全覆盖。在Science、Nature、Cell、PNAS等顶级刊物上发表高水平论文11篇。4位科学家当选两院院士，创我院院士增选数量新高；42人次入选各类国家级人才计划。举办2019（首届）全国农业科技成果转化大会，扎实推进科技创新联盟建设，深入实施科技扶贫行动和乡村振兴科技支撑行动。成功举办第六届国际农科院院长高层研讨会，发布农业绿色发展《成都宣言》，首次发起"国际农业科学计划（CAASTIP）"，打造全球农业科技创新网络，国际影响力不断提升。

　　我院的发展，离不开社会各界和国际友人的长期支持及帮助，在此，谨向各位致以诚挚的感谢和良好的祝愿。回望来路，不改初心；展望未来，满怀信心。真诚欢迎大家前来交流合作。

农业农村部党组成员
中国农业科学院院长

职责使命

中国农业科学院是国家综合性农业科研机构，担负着全国农业重大基础与应用基础研究、应用研究和高新技术研究的任务，致力于解决我国农业及农村经济发展中基础性、方向性、全局性、关键性的重大科技问题。

中国农业科学院始终全面贯彻落实党中央、国务院关于农业农村与农业科技工作的方针政策，始终牢记农业科研国家队使命，面向世界农业科技前沿、面向国家重大需求、面向现代农业建设主战场，加快建设世界一流学科和一流科研院所，勇攀高峰，率先跨越，带领全国农业科技力量，不断提升科研创新能力和科技进步水平，为我国农业科技率先跨入世界先进行列奠定坚实基础，为保障国家粮食安全、促进农业农村经济发展做出重要贡献。

目 录
CONTENTS

年度重要进展

- 数说 2019
- 大事记 2019
- 新增院士简介

01

数说2019

4位科学家当选院士
我院有4位科学家当选两院院士，其中科学院院士1人，工程院院士3人，创近40年来单年度院士增选数量和在院院士总人数两项新高。

7项成果获国家奖
1项成果荣获国家自然科学二等奖，1项成果荣获国家技术发明二等奖，5项成果荣获国家科学技术进步二等奖，在全国农业科研教学单位中保持第一，占全国农业领域授奖数量的22%。

10大科技进展
农业基础科学和前沿探索成为创新焦点，4项关键科学问题类、3项重大关键技术与装备类、2项重大品种与产品类和1项其他重大科研进展类入选。

11篇高水平学术论文
农业基础前沿研究再获突破，在《科学》（Science）、《自然》（Nature）等顶级刊物上发表高水平论文11篇，处于国内领先地位。全年共发表科技论文6429篇，其中SCI/EI收录论文3094篇，同比增长8.3%。

02

311个项目获中央财政科技计划（专项、基金等）资助
国家自然科学基金资助项目297项，立项数稳居全国农业科研院所之首。其中重大类项目18项，创新研究群体项目、"杰青""优青"项目实现双突破。

1000万美元投入"国际农业科学计划"
首次发起"国际农业科学计划"，第一期项目计划投入1000万美元，打造全球农业科技创新网络。

1500项科技成果助力脱贫攻坚和乡村振兴
打造8个科技扶贫和乡村振兴示范县，为89个"三区三州"深度贫困县各派一个产业技术专家团队，示范推广科技成果1500项，培训11.7万人次，帮扶新型经营主体1510个。

新30条措施推进人才强院战略
出台了人才建设"新30条措施"，推进干部人才年轻化、统筹四支队伍建设。新增农科英才51人；精准定向引进32名青年英才；42人入选各类国家人才计划，高层次人才队伍规模进一步扩大。

大事记2019

1月

国家科学技术奖励大会在京举行，我院主持完成的1项成果荣获国家自然科学二等奖，1项成果荣获国家技术发明二等奖，5项成果荣获国家科学技术进步二等奖。

我院2019年工作会议在京召开，总结分析2018年成绩和问题，梳理明确面临的新形势、新问题、新任务，研究部署2019年重点工作。

中国水稻研究所利用基因编辑技术在杂交水稻中同时敲除了4个水稻生殖相关基因，建立了水稻无融合生殖体系，得到了杂交稻的克隆种子，实现了杂合基因型的固定。

2月

农业农村部部长韩长赋、副部长余欣荣到我院实地调研指导国家作物种质库项目建设情况。

油料作物研究所王汉中院士团队在国际上首次成功克隆了一个农作物种子性状细胞质调控基因*orf188*，并揭示了该基因调控油菜种子高含油量的分子机制。

3月

2018年北京市科学技术奖励大会召开，我院共有5项成果获奖，其中包括农业领域唯一的一等奖，以及二等奖和三等奖各2项。

习近平主席对法国进行国事访问期间，农业农村部党组成员、我院院长唐华俊率代表团访问法国农科院，全面推动与法国农科院的科技合作。

我院副院长梅旭荣率团出访比利时和瑞士，开展对欧农业科技合作对话交流，并在瑞士为"中国农业农村部-国际应用生物中心(CABI)欧洲实验室"揭牌。

7月

我院烟草研究所烟草功能成分与综合利用创新团队研究发现中国莜米发芽过程中生物活性成分积累规律。相关研究成果发表在《食品化学》(*Food Chemistry*)上。

我院棉花研究所对陆地棉种内存在的遗传变异进行了系统研究，发现染色体倒位能够抑制减数分裂重组，降低群体的单体型密度，最终导致陆地棉群体内部产生分化。相关研究结果在线发表在《自然通讯》(*Nature Communications*)上。

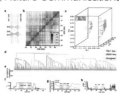

我院党组书记张合成率团访问乌兹别克斯坦和俄罗斯，与外方就加强农业科技合作进行了深入交流并取得积极成效。

农业农村部党组成员、我院院长唐华俊会见伊朗农业圣战部部长马哈茂德·霍贾提一行，就推动农业科技合作进行了深入交流。

8月

《2018全球农业研究热点前沿》报告在京发布，揭示了农业领域的最新进展和发展方向，遴选出2018年农业领域8个学科、46个研究热点前沿。

我院党组副书记、副院长吴孔明会见印度尼西亚茂物农业大学校长阿里夫·萨特里亚一行，双方就开启农业科技合作交换了意见。

《中国食物与营养发展纲要（2021—2035年）》研究编制启动会在我院召开。农业农村部部长韩长赋出席会议并讲话。

9月

农业农村部党组成员、我院院长唐华俊与秘鲁副总统梅赛德斯·阿劳斯、国际马铃薯中心（CIP）主任魏蓓娜共同出席北京世界园艺博览会秘鲁-CIP联合荣誉日有关活动。

我院桦川科技扶贫工作现场会在黑龙江省佳木斯市桦川县召开。我院作物科学研究所等项目承担单位围绕水稻、玉米、大豆食用豆等建设了4个示范基地，实施了18项关键技术，实现作物增产增效20%以上。

在庆祝中华人民共和国成立70周年之际，我院共有365位同志喜获中共中央、国务院、中央军委颁发的"庆祝中华人民共和国成立70周年"纪念章。

4月

哥斯达黎加农牧业部部长、乌拉圭国家农牧研究院（INIA）董事会主席兼院长、国际原子能机构（IAEA）副总干事、巴基斯坦高级代表团等分别来访我院，探讨加强农业科技合作。

我院副院长万建民应邀率团出访澳大利亚、新西兰和日本，与有关科研机构就加强科技合作进行了深入交流并取得共识。

我院在京发布我国农业绿色发展首部绿皮书《中国农业绿色发展报告2018》。

2019中国农业展望大会在京召开，发布了《中国农业展望报告（2019—2028）》，农业农村部副部长韩俊出席并讲话。

2019（首届）全国农业科技成果转化大会在成都召开。发布了100项重大农业科技成果和1000项优秀科技成果。

5月

我院北京畜牧兽医研究所、美国奶业科学学会、新西兰初级产业部和中国奶业协会共同主办的第六届"奶牛营养与牛奶质量"国际研讨会在京召开。

中国和全球农业政策论坛在京举办，论坛发布《中国农业产业发展报告2019》和《2019全球粮食政策报告》。

第二届国际茶学院所长会议在杭州召开，会议主题为"茶和世界，创新发展"。

我院哈尔滨兽医研究所自主研发的非洲猪瘟疫苗取得了阶段性成果，实验室研究结果表明，其具有良好的生物安全性和免疫保护效果。

6月

我院农业基因组研究所农业昆虫基因学创新团队，联合我院植物保护研究所等，对我国318份草地贪夜蛾样品进行群体生物型分子特征鉴定，厘清了入侵中国的草地贪夜蛾来源和具体生物型分子特征。相关研究成果发表在《植物保护》（Plant Protection）上。

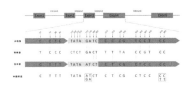

《科学》（Science）杂志以研究长文刊登了我院特产研究所特种动物营养与饲养创新团队联合西北工业大学等揭示的驯鹿适应北极环境分子机制。

10月

我院出台"新30条措施"推进干部人才年轻化，统筹四支队伍建设。

《科学》（Science）杂志发表非洲猪瘟病毒颗粒精细三维结构解析文章，为开发效果佳、安全性高的新型非洲猪瘟疫苗奠定坚实基础。

"国家玉米良种重大科研联合攻关暨籽粒低破碎机收技术现场会"在河南召开，展示了9个高产高效籽粒机收代表性品种。

第三届海外农业研究大会在京召开，发布了系列研究成果和大数据平台，并就"一带一路"农业建设和农业科技"走出去"实践进行了圆桌讨论。

11月

农业农村部党组成员、我院院长唐华俊率团赴意大利、奥地利和瑞士访问，与联合国粮食及农业组织（FAO）、国际原子能机构（IAEA）和世界贸易组织（WTO）负责人进行深入交流农业科技合作。

由我院与FAO、国际农业研究磋商组织（CGIAR）、IAEA和成都市人民政府共同主办的第六届"国际农科院长高层研讨会"在成都开幕。全球39个国家400余位代表围绕"科技促进农业农村绿色发展"主题共谋未来发展。会上，我院正式发起"国际农业科学计划"。

《2019中国农业科学重大进展》等系列专项研究报告在2019中国农业农村科技发展高峰论坛上发布。

我院举行"中国农业科学院－国际原子能机构协作中心"揭牌和分中心授牌仪式，我院党组书记张合成、国际原子能机构副总干事纳贾特·莫克塔共同出席活动。

12月

我院与英国《自然·遗传学》（Nature Genetics）杂志共同举办的第五届国际农业基因组会议暨深圳国际食品谷研讨会在深圳市大鹏新区召开。

马来西亚农科院院长穆罕默德·罗夫·莫哈末·努尔一行来访我院，双方签署合作谅解备忘录。

我院2019年国际合作工作会议在深圳召开。会议全面总结2019年中国农业科学院国际合作工作成效，并研究部署2020年国际合作重点任务。

新增院士简介

胡培松
中国工程院院士

水稻遗传育种与品质改良专家，中国水稻研究所所长。长期从事籼稻品质遗传改良研究，"籼型优质香稻品种培育及应用"获2009年国家科学技术进步二等奖；"优质早籼高效育种技术研创与新品种选育应用"获2012年国家科学技术进步二等奖；"超级专用早稻中嘉早17的选育与应用"获2016年浙江省科学技术进步一等奖；另获省部二等以上奖励10余项。中嘉早17连续7年为农业农村部主导品种，已累计推广6300万亩[①]。2019年当选中国工程院院士。

李培武
中国工程院院士

农产品质量安全专家，国家农业检测基准实验室（生物毒素）主任。长期从事农产品质量安全研究，在粮油生物毒素检测与控制方面取得重要成果。以第一完成人获国家技术发明和国家科学技术进步二等奖3项，湖北省发明一等奖1项；入选国家百千万人才工程国家级人选、享受国务院政府特殊津贴等；获得全国优秀科技工作者、全国农业先进个人、中华农业英才奖等称号。2019年当选中国工程院院士。

钱前
中国科学院院士

水稻种质资源专家，作物科学研究所所长，水稻生物学国家重点实验室主任。在水稻遗传种质资源发掘创新、重要农艺性状解析与分子育种等领域取得了重要成果。入选百千万人才工程国家级人选、全国农业科研杰出人才等；先后获国家自然科学一等奖（排名3）、二等奖（排名2），国家科学技术进步二等奖及省部级科技奖励10项；获"国家杰出青年科学基金"和"创新群体科学基金"资助；以通信或共同通信作者在国际重要学术刊物发表论文90余篇。2019年当选中国科学院院士。

姚斌
中国工程院院士

微生物工程专家。长期从事饲料用酶研究，建立了完整、高效的饲料用酶研发体系，开发了系列产品，实现了饲料用酶的全面国产化，支撑我国饲料用酶迅速发展成具有国际竞争力的高新技术产业；获"国家杰出青年科学基金"资助；入选百千万人才工程国家级人选、全国农业科研杰出人才等；获国家科学技术进步二等奖2项，北京市科学技术奖一等奖1项、大北农科技奖特等奖1项；获得中华农业英才奖称号；授权发明专利70余项，技术转让40余项。2019年当选中国工程院院士。

① 1亩≈667米²，15亩=1公顷，全书同。

05

科技创新引领

- 科研工作概述
- 国家科技奖励
- 十大科技进展
- 基础前沿研究
- 核心关键技术研发
- 农业科技贡献与影响

06

科研工作概述

　　2019年，中国农业科学院充分发挥创新工程引领作用，进一步凝练学科方向，优化团队布局，健全管理机制，在重大项目实施、重大成果培育、重大战略研究等方面取得一系列新进展。

国家重大科技计划
全院共主持在研课题5325项，其中新增3049项，同比增长7.4%。国家自然科学基金资助项目297项。国家重点研发计划资助项目新增12项。

高水平论文
发表科技论文6429篇，其中SCI/EI收录论文3094篇，同比增长8.3%。在《科学》（*Science*）、《自然》（*Nature*）、《细胞》（*Cell*）、《美国科学院院报》（*PNAS*）发表高水平论文11篇。

成果转化与推广
审定新品种346个，获得植物新品种权89项，新兽药登记证书14个，出版著作280部。获得国内发明授权专利899件。获中国专利奖银奖1项、优秀奖5项。推广新品种377个，新产品731个，新技术392项，推广总面积4.2亿亩，推广畜禽新品种及相关技术10.3亿头（羽）。全年全院成果转化收入达10.65亿元。

重大成果培育
7项成果获得国家科学技术奖励二等奖，占全国农业领域授奖总数的22%。获得省部级一等奖35项。

国家科技奖励

哈尔滨兽医研究所陈化兰团队完成的"动物流感病毒跨种感染人及传播能力研究"获国家自然科学二等奖

该项目对H1N1、H5N1、H7N9等动物中广泛存在的流感病毒进行了系统研究，重点评估和揭示了它们跨越种间屏障感染并引起人流感流行的潜力，取得了一系列原创性发现，为动物流感的防控和人流感的预警预报以及防控政策制定提供了重要科学依据，使我国成功地从动物源头控制了H7N9病毒的流行。

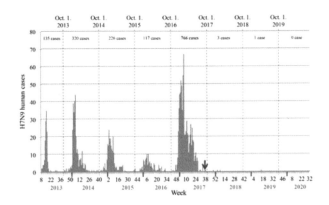

▲ 家禽疫苗免疫前后人感染H7N9病毒情况
（红箭头显示疫苗在家禽中开始应用的时间）

农业质量标准与检测技术研究所王静团队牵头完成的"农产品中典型化学污染物精准识别与检测关键技术"获国家技术发明二等奖

该项目发明了双模板及虚拟模板分子印迹制备技术、亲脂链臂半抗原设计和化学发光免疫检测增敏技术，研发出56种试剂盒（试纸条）和34套600种高通量确证技术，实现了从前处理、识别材料到精准识别与高通量检测的全程创新。产品已在全国31个省（自治区、直辖市）3000家单位应用，远销21个国家和地区，对保障农产品消费安全

做出了重要贡献。

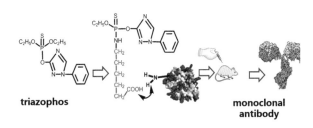

▲ 基于亲脂链臂相关性的农药半抗原设计方案

北京畜牧兽医研究所熊本海团队牵头完成的"家畜养殖数字化关键技术与智能饲喂装备创制及应用"获国家科学技术进步二等奖

该项目建成了完整的中国饲料实体数据库，创建了主要家畜营养需求模型、RFID芯片及家畜精准饲喂设备，形成了主要家畜智能养殖数字化技术体系。

▲ 家畜养殖智能饲喂装备

作物科学研究所黄长玲团队牵头完成的"耐密高产广适玉米新品种中单808和中单909培育与应用"获国家科学技术进步二等奖

该项目创新"三高三抗"耐密抗逆选择技术，育成高产广适玉米新品种中单808和中单909，实现了抗逆性和耐密性的协同改良，创建了中单808

08

和中单909高效种子生产和推广技术体系。至2018年，品种累计推广1.004亿亩，增收粮食53.1亿千克，社会经济效益显著。

▲ 中单808和中单909田间展示

蔬菜花卉研究所张友军团队牵头完成的"重大蔬菜害虫韭蛆绿色防控关键技术创新与应用"获国家科学技术进步二等奖

该项目首次系统阐明了韭蛆种群发展的关键生物学特性，解析了韭蛆发生为害的规律与暴发成灾机制，创制了以"日晒高温覆膜"为核心，以"食诱剂"和"黑色粘板"等为配套的韭蛆绿色防控技术体系，在韭菜主产区累计推广应用面积超100万公顷，解决了韭蛆为害与"毒韭菜"的顽疾。

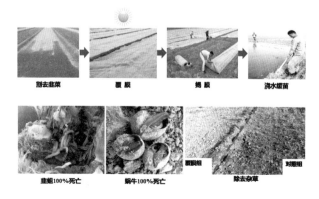

▲ 韭蛆绿色防控技术操作流程与应用效果

茶叶研究所陈宗懋团队完成的"茶叶中农药残留和污染物管控技术体系创建及应用"获国家科学技术进步二等奖

该项目首创了茶汤"有效风险量"决定原则，重构了茶叶中农药最大残留限量标准制定的国际规范，探明了残留量的关键控制点，突破了现场检测和精准检测难点，提升了我国茶叶标准制定的国际话语权，推动了我国茶产业绿色发展的科技进步。

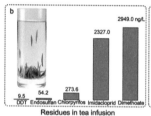
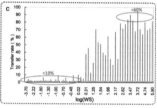

▲ 干茶和茶汤中农药残留的差异

作物科学研究所赵广才团队完成的"优质专用小麦生产关键技术百问百答"获国家科学技术进步（科普类）二等奖

该项目采用模块化设计，设问设答、图文并茂地讲述小麦生产知识及关键技术，使读者一看就懂、一学就会。作品出版后印刷17次，被评为国家重点图书及"三农"优秀图书，在中央电视台和广播电台、培训班、生产一线及网络等平台宣讲150余次，促进了优质专用小麦生产及科普事业发展。

▲ 《优质专用小麦生产关键技术百问百答》一、二、三版图书

09

十大科技进展

创建新型CRISPR/Cas介导的农作物等位基因替换技术体系

作物科学研究所夏兰琴团队联合美国加州大学圣地亚哥分校，首次建立了CRISPR/Cas介导、分别以DNA和RNA转录本作为修复模板的农作物等位基因替换体系，实现了水稻ALS基因的精准替换，突破了基因片段替换的技术瓶颈。相关成果发表在《自然·生物技术》（*Nature Biotechnology*）上。

RNA转录本修复模板介导的DNA双链断裂同源重组修复 ▶

创建杂交水稻无融合生殖体系

水稻研究所王克剑团队利用基因编辑技术，首次将无融合生殖这一复杂特性引入杂交水稻中，成功获得杂交水稻的克隆种子，实现了杂交水稻无融合生殖从无到有的关键性突破，该成果以封面标题发表在《自然·生物技术》（*Nature Biotechnology*）上。

通过多基因编辑固定杂交稻的杂合基因型 ▶

克服二倍体马铃薯自交不亲和与自交衰退难题

深圳农业基因组研究所黄三文团队联合云南师范大学克服二倍体马铃薯自交不亲和的难题，解析了自交衰退的遗传基础，提出了克服自交衰退的方法，开辟了马铃薯育种新途径。相关成果发表在《自然·植物》（*Nature Plants*）和《自然·遗传学》（*Nature Genetics*）上。

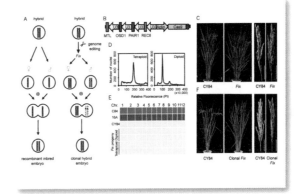

3个自交群体全基因组范围内的偏分离及自交衰退相关表型 ▶

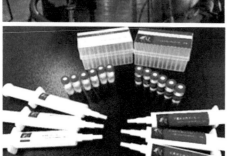

畜禽用抗生素减替绿色新产品创制与应用

饲料研究所王建华团队突破减替抗关键产品创制瓶颈，揭示了抗菌肽"源于胞内相近相容、高敏预警早期防御"高效入胞和"强穿膜、多靶点"低耐药机制，建立了20米³规模制备和SP-纳滤纯化工艺。产品可显著降低奶牛乳房炎患病组织中金葡菌等病原菌量并有效缓解症状。

◀ 抗菌肽规模化制备与纯化

解析非洲猪瘟病毒结构及装配机制

哈尔滨兽医研究所步志高团队联合中国科学院生物物理研究所首次全面解析了非洲猪瘟病毒全颗粒的三维精细结构。该病毒是目前世界上解析近原子分辨率结构的最大病毒颗粒。该成果为揭示非洲猪瘟病毒入侵宿主细胞以及逃避和对抗宿主抗病毒免疫机制提供了重要线索。

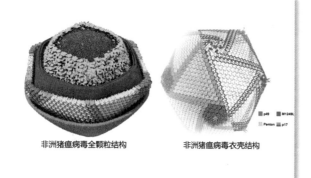

非洲猪瘟病毒全颗粒结构　非洲猪瘟病毒衣壳结构

◀ 非洲猪瘟病毒全颗粒的三维精细结构

"阿什旦牦牛"新品种通过国家审定

兰州畜牧与兽药研究所阎萍团队与青海省大通种牛场培育的阿什旦牦牛获国家畜禽新品种证书，为牦牛规模化、集约化和标准化饲养提供了差异化品种，对我国牦牛良种制种、供种体系建设和牦牛饲养方式转变具有重要引领作用。

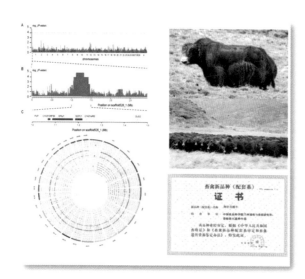

◀ 阿什旦牦牛品种证书及品种照片

高产高油优质多抗油菜品种中油杂19大面积推广应用

油料作物研究所王汉中团队育成我国首个含油量达50%的国审冬油菜品种中油杂19，聚合高油、高产、优质、多抗、适机收等性状，国家区试中平均亩产油量97.57千克，比对照增产12.7%，已累计示范推广2000万亩。

▲ 2016年安徽芜湖中油杂19示范现场

玉米密植高产机械粒收技术集成应用

作物科学研究所作物栽培与生理团队以创新品种熟期脱水性能与积温定量匹配技术，实现了玉米低破碎籽粒收获，结合密植高产技术实现了玉米产量与效益协同提高。在全国推广应用，引领了我国现代玉米生产技术的发展。

▲ 密植高产玉米机械粒收技术展示

12

重大入侵害虫草地贪夜蛾监测与防控

植物保护研究所率先呈报草地贪夜蛾入侵预警报告，精准监测到入侵我国的第一头草地贪夜蛾成虫。明确了该害虫生物学规律，筛选出5种应急防控药剂，研发了4类自主知识产权的生防产品，提出了"分区治理"绿色防控技术方案，为有效控制草地贪夜蛾提供了重要技术支撑。

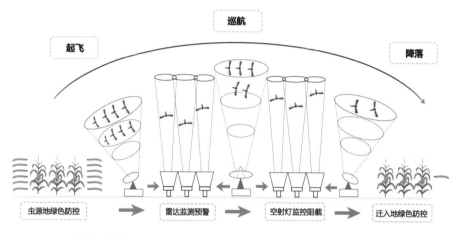

▲ 草地贪夜蛾监测预警与阻截工程示意图

区域种养一体化农业增效减负关键技术与应用

农业环境与可持续发展研究所张晴雯团队联合中国科学院生态中心、滨州中裕食品有限公司，以系统间物质高效转化为纽带，突破了种养一体化农业增效减负关键技术，为面源污染控制和粮食安全双赢提供了系统解决方案。

▲ 种养一体化农业增效减负关键技术示范工程

基础前沿研究

在前沿和交叉学科方面

克服二倍体马铃薯自交不亲和与自交衰退难题，为二倍体马铃薯育种提供理论基础，也为解析其他无性繁殖作物的自交衰退提供借鉴，从根本上推进马铃薯主粮化进程。

首次成功克隆了杂交稻种子，实现了杂交水稻无融合生殖从无到有的突破，开辟了克隆种子固定杂种优势研究以及作物育种发展的新方向。

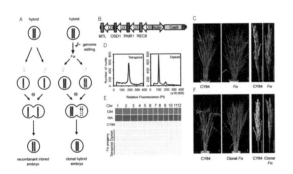

▲ 通过多基因编辑固定杂交稻的杂合基因型

创建了新型CRISPR/Cas介导的等位基因替换体系，克服了修复模板供应不足的障碍，为利用基因编辑技术快速实现优异等位基因精准替换、缩短育种周期、创制农作物新种质提供了新思路。

首次证明2个感应不同环境信号的新型非编码RNA，协同调控最佳固氮酶活性，为揭示生物固氮网络调控机制奠定了理论基础。

在动物重大疫病防控方面

解析非洲猪瘟病毒结构，发现了非洲猪瘟病毒多种潜在的关键抗原表位信息，为揭示其入侵宿主细胞以及逃避和对抗宿主抗病毒免疫的机制提供了重要线索，为开发新型非洲猪瘟疫苗奠定了坚实基础。

以重组球虫作为疫苗载体的研究发现，用表达病原不同保护性抗原的多株重组球虫共同免疫可提升宿主的免疫保护力，对新型安全高效的球虫病疫苗开发具有重要意义。

首次揭示了水貂肠炎病毒通过其非结构蛋白1激活p38丝裂原活化蛋白激酶和p53介导的线粒体信号通路诱导细胞凋亡，为进一步解释水貂肠炎病毒的致病机制提供了理论基础。

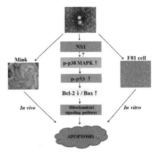

▲ 水貂肠炎病毒NS1蛋白通过线粒体信号通路诱导细胞凋亡模式图

揭示了H7N9禽流感病毒感染人后迅速获得PB2/E627K突变，使病毒对人致病力增强的分子机制，为深入理解禽流感病毒如何适应哺乳动物宿主及跨种感染和传播这一重要科学问题做出了贡献。

在植物保护方面

首次装配解析了我国小麦重大害虫荻草谷网蚜基因组精细图谱，并实现染色体级别的装载。为深入开展表观遗传学及植物–蚜虫–天敌互作等机制研究和有效防控麦蚜的应用探索奠定了基础。

揭示杆状病毒在昆虫体内扩散机制。首次证实昆虫核仁结构会随着杆状病毒的感染而解体，同时病毒的感染导致核仁蛋白重新分布进而参与杆状病毒的复制扩增过程。

揭示布氏田鼠季节性繁殖的分子调控机制。首次在野生鼠类中验证下丘脑基因与季节性繁殖的紧密关系，阐明年龄依赖的繁殖策略及分子机制，为鼠类不育控制研究提供了基础。

完成白星花金龟基因组序列解析。首次报道了白星花金龟基因组特性，对进一步揭示金龟甲科昆虫食性适应性进化机制、加强此类害虫防治以及进一步综合开发利用均具有重要的理论意义和应用价值。

▲ 白星花金龟幼虫和成虫

14

在资源环境方面

研究发现过氧化氢酶编码基因*katB*和过氧化物感应基因*oxyR*在氧化胁迫抗性和最佳固氮酶活性中具有重要作用，为揭示固氮微生物的固氮酶氧保护机制奠定了工作基础。

揭示了酸化改良调控红壤团聚体钾素分配机制。发现在长期化肥配施猪粪条件下，调控土壤pH可以显著改变团聚体组分的钾素储量比例，对指导红壤酸化条件下提升钾库容量具有重要意义。

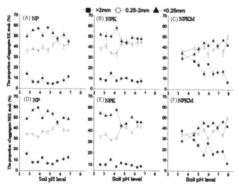

▲ 不同施肥土壤pH调控下团聚体交换性钾（EK）和非交换性钾（NEK）储量比例的变化

合理的有机肥替代化肥可协调作物产量和环境效应。添加生物质炭的猪粪经固体堆置发酵形成的有机肥，还田后可整体减少含氮气体（NH_3、N_2O）排放7.6%，提高蔬菜氮吸收效率54.1%，增产7.3%。研究结果为农业绿色发展行动中有机肥合理替代化肥提供了科学依据。

在动物营养方面

发现标志性微生物驱动瘤胃功能的转变。首次采用机器学习算法阐明了标志性微生物及其共生菌促进早期补饲羔羊瘤胃VFA产生和瘤胃功能转变的机制，丰富了反刍动物幼畜培育理论。

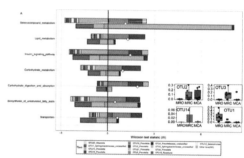

▲ 瘤胃功能转变的菌群贡献分布比较

发现全植物蛋白饲料通过影响瓣肠的黏膜完整性、抗氧化能力、凋亡、自噬和增殖导致施氏鲟免疫抑制，进而导致死亡。为植物蛋白在施氏鲟饲料中应用的营养干预策略指明了方向。

揭示蜂群繁殖投资调节蜂王浆高产机制。发现浆蜂对幼虫挥发性信息素感知灵敏度提高是及时感知幼虫并进行哺育的原因，揭示了通过繁殖投资调节蜂王浆高产的机制。

发现将脂肪沉积在尾部或臀部是绵羊为适应环境而产生的特有性质。利用蒙古羊从基因组层面鉴定了与绵羊肥尾相关的主效基因，揭示了绵羊脂尾形成的分子遗传学机制。

核心关键技术研发

以提升农业生产的资源利用率、劳动生产率、土地产出率为核心目标，突破了一批核心关键技术，为提高产业质量效益竞争力、促进农业可持续发展提供了有效支撑。

品种培育与高效种养

玉米密植高产机械化技术创亩产破1500千克纪录。作物科学研究所李少昆团队在国际上首次构建了亩产1500千克的高产玉米理想株型与群体结构，创立了玉米高质量群体调控栽培理论与关键技术，连续6次创全国高产纪录，实现了中国玉米现实生产力的显著提高和资源高效利用。

▲ 玉米密植丰产绿色生产技术模式现场交流

创建生猪复养技术体系。基于对非洲猪瘟的科学认知，结合生物安全核心理念和现地防控经验，建立了规模化猪场生物安全防控体系，制定了《猪场复养技术要点》，包括复养前猪场改造、洗消以及人流、车流、物流、猪流操作规程，可为猪场复养提供技术指导。

▲ 在猪场进行技术指导

首个适宜舍饲化的专用牦牛品种"阿什旦牦牛"获得国家畜禽新品种证书。阿什旦牦牛历经20多年系统选育而成，具有无角、产肉性能好、适应性强、遗传稳定、易饲养管理等优良特性。该品种的选育解析了牦牛角的发生发育分子调控机制，筛选出控制角性状遗传变异位点，对牦牛无角性状进行早期选择，缩短了育种周期，提高了育种效率。

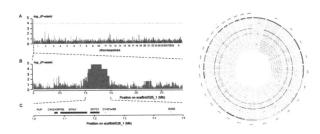

▲ 阿什旦牦牛角性状全基因组选择及CNVR变异区段和QTL注释

稻-鳝-蟾复合种养，助推农业生态高值发展。环境保护科研监测所研发的"稻-鳝-蟾复合种养模式"，集合立体种养、排水控制、秸秆转化、害虫生防等技术，实现物能多级利用，有效防控面源污染，经济效益增加3倍以上。

▲ 稻-鳝-蟾复合种养模式图

16

农业资源环境

重大入侵害虫草地贪夜蛾监测与防控。植物保护研究所研发了灯诱、性诱等草地贪夜蛾测报技术，开发了在线识别系统及种群测报系统，成功筛选出化学防治药剂及应用技术，研发了4类自主知识产权的生防产品，提出了草地贪夜蛾"分区治理"绿色防控技术方案。

▲ 草地贪夜蛾监测预警和绿色防控示意图

生物炭可降低土壤污染物环境风险。烟草研究所滩涂生物资源保护利用创新团队发现，施加适量功能生物炭能够提高土壤对莠去津等污染物的吸附能力，降低其生物可利用性，进而减少其在植物中累积。相关成果为建立农田土壤污染的生物炭修复技术奠定了基础。

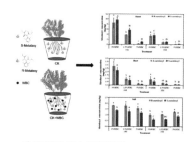

▲ 生物炭降低土壤污染物

新型化合物可制造高效低毒生物农药。烟草研究所植物功能成分与综合利用创新团队在真菌中发现了具有显著抑菌、杀虫活性且毒性较小的异戊烯基化吲哚类化合物，为研发具有自主知识产权的高效低毒生物农药提供了模板化合物。

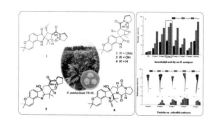

▲ 从烟草内生真菌中发现的新颖结构的PIA类化合物及其农用生物活性

创制固体有机肥系列化施用装备。农业农村部南京农业机械化研究所生物质转化利用装备创新团队攻克了稳定送料、均匀抛施等关键技术，研发了大田牵引、轮式自走、履带自走3种多功能固态肥料施用装备，适用范围广，为促进农业可持续发展提供了装备技术支撑。

▲ 大棚内撒施有机肥作业

系统解析手性农药乙螨唑立体选择性。果树研究所果品质量安全风险监测与评估创新团队系统解析了手性农药乙螨唑的立体选择性，发现不同对映体间生物活性、急性毒性以及在田间土壤和水果中的环境行为均存在明显的立体选择性，为乙螨唑安全使用、风险评估和科学管理提供了理论依据。

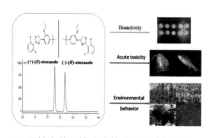

▲ 手性农药乙螨唑立体选择性（生物活性、急性毒性和降解行为）

区域种养一体化农业增效减负关键技术与应用。农业环境与可持续发展研究所以系统间物质高效转化为纽带，连接产业链上下游，突破了种养一体化农业增效减负关键技术，为面源污染控制和粮食安全双赢提供了系统解决方案。

▲ 种养一体化农业增效减负关键技术示范工程

17

重要产品创制和加工增值

畜禽绿色减替抗新产品创制关键技术创新。饲料研究所抗菌肽及抗生素替代品创新团队突破替抗关键产品抗菌肽创制技术瓶颈，为养殖业可持续绿色发展提供关键产品与核心技术支持，缩短了药物饲料添加剂禁用后骨干替抗产品短缺空窗期，推动我国饲用绿色投入品产业全面转型升级。

▲ 抗菌肽在畜禽中的应用

揭示普洱茶香气成分积累转化规律。烟草研究所烟草质量安全研究中心综合利用感官组学和化学计量学方法，揭示了普洱茶渥堆发酵中香气成分转化累积规律，为普洱茶增香提质研究提供了基础数据，为雪茄烟发酵中增香、增色及提高生物活性提供了新思路。

▲ 普洱茶渥堆发酵中香气成分转化

创建绿色、高效功能脂质"乳液酶反应工厂"。油料作物研究所油料品质化学与营养创新团队创建了新型皮克林乳液酶反应体系，解决了效率低和有机溶剂残留等油脂修饰的瓶颈难题。该方法具有酶可重复使用、易于规模化放大等优点，可应用于不同重构脂质绿色制备。

▲ 脂质"乳液酶反应工厂"示意图

家蚕生物反应器家族再添新成员。生物技术研究所获得了重组杆状病毒rBmNPV表达的鸡γ-干扰素和猫ω-干扰素两项生产应用安全证书，标志着利用家蚕生物反应器生产动物用基因工程制品范围得到进一步拓宽。

▲ 家蚕生产的干扰素具有表达量高、生产成本低等优点

质量安全技术创新

成功开发DUS数据分析软件。蔬菜花卉研究所DUS课题组成功开发DUS数据分析软件，填补了国内植物新品种测试统计分析空白。可显著优化试验设计、提高试验精度，实现多点多年试验数据的联合矫正和准确判定，得到UPOV认可。

根据挥发性物质鉴别真假中蜂蜂蜜。蜜蜂研究所蜜粉源植物产地识别与控制创新团队利用非靶标代谢组学和靶标定量技术发现中蜂蜂蜜与意蜂蜂蜜之间存在6种具有显著差异的挥发物质，为我国蜂蜜真实性识别提供了新思路。

农业科技贡献与影响

中国农业科学院担负起时代赋予的重大使命，引领农业科技创新，积极开展科技扶贫，持续推进绿色发展，为实现乡村全面振兴和农业农村现代化贡献力量，将落实可持续发展目标与助力国家脱贫攻坚事业、实施乡村振兴战略紧密结合，为全球早日实现2030年可持续发展目标做出不懈努力。

科研创新与粮食安全

粮食安全是我国全局性重大战略问题，也是联合国可持续发展目标的关注重点。2019年，我国粮食产量6638.5亿千克，主要谷物自给率超过95%。

中国农业科学院围绕粮食优质、高产、高效目标，研发玉米密植高产机械化技术，创亩产破1500千克纪录；原创杂交水稻无融合生殖体系；破解二倍体马铃薯自交衰退机制；研发形成一整套草地贪夜蛾防控技术，为全国草地贪夜蛾防控初战告捷提供了重要科技支撑，为保障国家粮食安全打下基础，为国际社会农作物病虫害防治提供"中国方案"打下基础。

由中国政府、比尔及梅琳达·盖茨基金会资助，中国农业科学院主导的"为亚洲和非洲资源贫瘠地区培育绿色超级稻"国际农业科技扶贫项目通过11

年的实施，联合国内外58家水稻研究单位共同开展，利用先进的育种技术，培育出一大批高产、优质、多抗的绿色超级稻新品种。在18个非洲和亚洲国家审定高产、优质、多抗品种78个，累计推广面积达612万公顷，使160万农户收入显著增加，对亚非国家的粮食安全和农业的可持续发展做出了积极贡献。

脱贫攻坚与产业振兴

中国农业科学院贯彻落实党中央关于脱贫攻坚的总体部署，坚持"脱贫攻坚主战场在哪里，中国农科院专家团队就到哪里"的担当精神，聚集"三区三州"区三个深度贫困县，农业农村部5个定点扶贫县、院4个科技扶贫示范县，构建了科技扶贫的扶贫工作机制，选派了57名优秀干部到贫困地区挂职，组织了650个团队、3300名科研人员深入扶贫第一线开展科技帮扶工作，实施各类项目321个，建立示范基地255个，集成展示面积27.5万亩。培育生产经营主体，帮扶企业、专业合作社、种养大户共计2858个，带动农民就业增收，全年增收

◀ 专家团队赴云南省马关县开展实地调研，深化科技对接帮扶工作

◀ 专家在河北阜平县现场指导食用菌栽培技术

6.35亿元；组织技术培训，开展培训2095班次，培训人数12.7万人次，为推进脱贫攻坚贡献科技力量。

中国农业科学院研制及推广应用一批高产、优质、高效、绿色新品种、新技术和新产品，加快了对水稻、小麦、玉米、大豆、奶牛、羊、猪等重要动植物新品种的品种培育、技术集成、示范应用、宣传推广。2019年，全院共推广粮棉油畜等新品种377个，推广应用面积5670万亩，推广畜禽新品种及相关技术13.3亿头（羽），有效支撑了乡村产业振兴。

绿色发展与乡村治理

中国农业科学院牵头为建设生态宜居的美丽乡村，促进乡村治理提供科技支撑。针对乡村环境重大科学问题进行科技创新，开展技术联合攻关和系统集成，搭建起乡村环境治理技术、装备等方面的交流、展示平台。促进乡村生产、生活、生态"三生"共赢，为我国"厕所革命"和农村人居环境整治提供技术保障。

中国农业科学院联合全国各级相关科研院所、高校、技术推广部门和企业等共102家单位组成"国家农业废弃物循环利用创新联盟"，通过科技创新助力提升农业废弃物资源化利用比例。研发了低浓度污水厌氧发酵、粪便堆肥调控、沼液浓缩等畜禽粪污能源化和肥料化利用关键技术，相关技术实现臭味减少80%～96%，氨气减排80%以上。在地膜资源化利用方面，研发出KF16-1等新型生物降解地膜，开展了地膜回收机具研究，研发了垄作农田机械化地膜回收技术与装备，显著提高了农膜回收率（达85%以上），为推动农业废弃物资源化利用水平提供了强有力的支撑。在河北省安平县仅用了3年多的时间，就把全县90%的养殖粪污变成了新型资源能源和绿色有机肥料，走出了一条养殖大县破解养殖粪污资源化利用难题的道路。

在"国家乡村环境治理科技创新联盟"重大专项"农村改厕模式与技术集成应用"的支持下，由农业农村部环境保护科研监测所乡村环境建设团队为主，针对我国西南部缺水山区研发的"贵州省剑河县缺水山区改厕和厕所粪污庭院消纳及大田回用模式"获第一届全国农村改厕技术产品创新大赛应用推广项目组一等奖，可将农村粪污有效处理率提升到95%以上，生态效益好，且技术难度小，建设投入成本低，目前已经在贵州剑河得到了示范应用。

▲ 乡村环境治理科技创新联盟在贵州剑河打佬村示范集中居住厕所改造模式

中国农业科学院科研团队与合作伙伴建立了我国第一套畜禽养殖业产排污系数计算模型，为摸清畜禽污染底数、制定污染防治战略提供了科学依据；提出污水源头减量、过程污染控制、末端高效利用的技术途径，创新的"三改两分"工艺，让养殖场污水产生量比国家限定值减少了30%；成功开发堆肥除臭污染控制、污水沼液再生利用关键技术与装备。

▲ 农业废弃物循环利用创新联盟"京安模式"

20

重要战略举措

- 农业科技创新工程
- 乡村振兴和科技扶贫支撑计划
- 国家农业科技创新联盟
- 绿色发展技术集成模式研究与示范
- 人才工程
- 智库建设

农业科技创新工程

2019年，按照"三个面向"的总体要求，在对创新工程进行全面评估的基础上，对学科体系、创新方向和创新任务进行全面的梳理调整。归并范围过窄、力量分散、内容重叠的学科领域，部署一批急需开辟的新兴交叉学科领域及重点方向，增补一批支撑引领乡村振兴与绿色发展的学科领域及重点方向。按照院-所-团队三级梳理凝练创新任务，形成30项左右院级联合攻关重大任务，140多项所级任务，800多项科研团队任务。对科研团队进行调整，27个科研团队被淘汰，97个团队调整了研究方向。

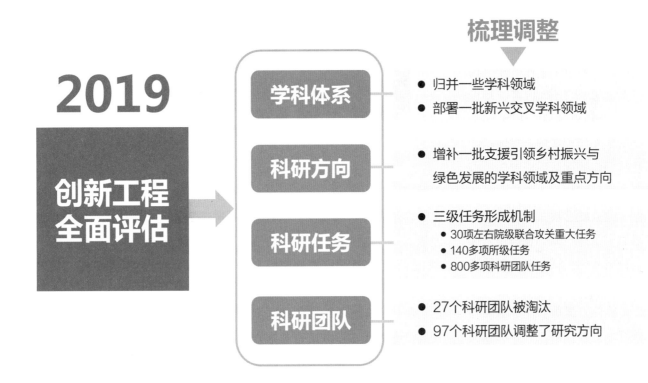

梳理调整

2019

创新工程全面评估

学科体系
- 归并一些学科领域
- 部署一批新兴交叉学科领域

科研方向
- 增补一批支援引领乡村振兴与绿色发展的学科领域及重点方向

科研任务
- 三级任务形成机制
  - 30项左右院级联合攻关重大任务
  - 140多项所级任务
  - 800多项科研团队任务

科研团队
- 27个科研团队被淘汰
- 97个科研团队调整了研究方向

22

农业科技创新工程先期规划为2013—2025年，分三个阶段：

试点期	全面推进期	跨越发展期
（2013—2015年）	（2016—2020年）	（2021—2025年）

乡村振兴和科技扶贫支撑计划

召开了全院乡村振兴与脱贫攻坚工作会议，启动了阜平、桦川、紫阳、临潭4个科技扶贫示范县和东海、兰考、婺源、邛崃4个乡村振兴示范县的共建工作，我院共有220个专家团队，3300多名科研人员投身现代农业建设第一线，取得了明显成效。

建立3+N协同工作机制。每个示范县建设工作由1名院领导牵头、1个院机关部门协调、1个研究所牵头组织实施，其他相关所及其相应的团队积极参与，协同示范县所在地省市级农业科教单位，建立联合攻关和共建的产学研协同工作机制。发挥智力优势，开展战略咨询。先后帮助临潭、东海、邛崃等编制完成总体规划、实施方案等，高标准高起点做好示范县顶层设计。加强调研指导，凝练主导产业。如在东海提出重点发展粮食、蔬菜、花卉、果树等特色优势产业，在兰

▲ 中国农业科学院召开脱贫攻坚与乡村振兴工作会议

考发展蜜瓜、蜜桃、蜜薯、奶山羊等特色农业品牌战略；在紫阳发展茶叶、食用菌等主导产业等。强化示范引领，集成应用关键技术。在婺源建立了5个农旅结合科普示范基地，集成10余项绿色高产高效技术，成功打造秋季景观油菜花海，当年实现景区收入同比翻番。在桦川建立水稻玉米示范基地5个，集成18项关键

核心技术。在东海建设智慧农业展示示范园，引进蔬菜新品种50个、观赏花卉品种6个。培养"一懂两爱"农业经营者队伍，提升内生发展动力。先后举办各类培训班50期，对来自各示范县农业农村局、各乡镇干部及新型经营主体等共14000余人次进行了培训，为示范县建设提供智力人才支撑。

国家农业科技创新联盟

2019年，国家农业科技创新联盟围绕质量兴农、绿色兴农和效益优先的工作目标部署重点工作，共组织6000余家单位的近1000个团队、10000多名科技人员，整合经费共计21.4亿元人民币，协同开展了技术研发、集成示范、推广应用、技术服务等重点任务960项，创新集成和示范了544套技术模式，形成标准767个，发布标准267个。在已有1645个示范基地的基础上，新建示范基地620个，开展技术培训3300余次，培训人员33万余人次，召开现场会910场，通过中央和各省市级媒体发布新闻报道10570篇。

一是制度设计逐步完善。对62个子联盟进行第三方评估，确定了包括15个标杆联盟在内的34个认定联盟，14个建议整改联盟和14个建议退出联盟。形成了包括指导意见、联盟章程和管理办

▲ 国家农业科技创新联盟第三方评估现场

法三个层级的建设和管理制度，保障了联盟运行的方向性、规范性和可持续性。

二是创新成果大量涌现。加强渔业装备、智慧农业、奶业、棉花全产业链关键技术协同创新，突破一批关键技术，推动产业变革；加强秸秆综合化利用、化肥减量增效、农业废弃物循环利用等技术模式协同创新，促进

了农业绿色发展；针对地下水超采、重金属污染、热区石漠化等区域重大问题，形成了一批综合技术解决方案，支撑了区域农业可持续发展。

三是机制探索持续深入。2019年重点推进实施了"实体化"机制，奶业联盟、水稻商业化分子育种联盟等已成立联盟实体12家，建立起产学研深度融合机制。

24

绿色发展技术集成模式研究与示范

组织推进水稻、玉米、小麦、大豆、油菜、马铃薯、棉花、蔬菜、茶叶、苹果、梨、西甜瓜、奶牛、肉羊、生猪、肉鸭16个产业绿色发展技术集成模式研究与示范工作，种植业平均增产23%，节水33%，节肥20%，节省农药30%，平均每亩节本增效5250元；养殖业节本增效达28%。

构建系列绿色发展技术模式。 共集成国内外先进实用技术211项，构建适合不同区域生态条件的农业绿色发展综合技术模式57套，其中，小麦项目与金沙河面业集团开展紧密合作，探索了从田间到车间的绿色技术集成的全产业链科企融合模式；肉鸭项目实现从"填鸭"到"免填"的革命性突破、从"水养"到"旱养"的颠覆性创新。

组织举办系列现场示范观摩会。 在全国共举办现场示范展示观摩会55场。农业主管部门和地方政府领导、农技推广人员、种养大户等6000多人参加了观摩。

开展广泛的技术培训与咨询服务。 各项目共举办各种技术培训277场，培训农技人员、新型农业生产主体、农民等3万多人，发放资料5.8万多份，有效带动了周边地区农业生产技术水平的提高。

▲ 副院长冯忠武参加奶牛绿色发展技术集成模式研究与示范项目现场观摩会

▲ 纪检组组长李杰人参加苹果绿色发展技术集成模式研究与示范现场观摩会

25

人才工程

青年人才工程规划（2017—2030）

"青年人才工程规划"（2017—2030）是2017年中国农业科学院启动的一项面向未来、追求跨越、增强核心竞争力的重大工程，旨在构建全方位人才建设体系，建成整体规模适度、结构功能明晰、学科布局合理、年龄梯次配备、以服务"三农"为己任的创新、转化和支撑青年人才队伍。计划到2030年，45岁以下青年人才总规模力争达到4750人左右，规模持续维持在全院一线科技人才总量的2/3；青年创新人才3450人左右，青年转化人才340人左右，青年支撑人才960人左右；优秀青年人才总量达到570人左右。

农科英才特殊支持政策

为构建完善的人才发展体系，建立高端引领、重点支持、协同推进的人才引育机制，吸引、凝聚和培育高层次科技人才，激发人才创新创造活力，面向海内外农业科技人才出台了引育并举的《农科英才特殊支持管理暂行办法》。

特殊支持主要面向全院全职在岗从事科学研究工作的科技人才，包括培养和引进的顶端人才、领军人才和青年英才三个层次。给予顶端人才科研经费200万元/（人·年），岗位补助50万元/（人·年）；领军人才A类科研经费150万元/（人·年），岗位补助30万元/（人·年）；领军人才B类科研经费100万元/（人·年），岗位补助25万元/（人·年）；领军人才C类科研经费80万元/（人·年），岗位补助20万元/（人·年）；青年英才科研经费60万元/（人·年），岗位补助10万元/（人·年）。

截至2019年底，我院共有333名农科英才，其中顶端人才17人，领军人才205人，青年英才111人，高层次人才队伍逐渐壮大。

26

顶端人才	科研经费200万元/（人·年）	岗位补助50万元/（人·年）
领军人才A类	科研经费150万元/（人·年）	岗位补助30万元/（人·年）
领军人才B类	科研经费100万元/（人·年）	岗位补助25万元/（人·年）
领军人才C类	科研经费80万元/（人·年）	岗位补助20万元/（人·年）
青年英才	科研经费60万元/（人·年）	岗位补助10万元/（人·年）

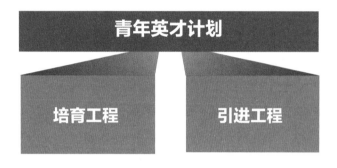

青年英才计划

培育工程　　引进工程

青年英才计划

"青年英才计划"是2013年中国农业科学院启动的一项高目标、高标准和高强度的青年科技人才引进计划，2014年入选首批全国55项重点海外高层次人才引进计划，在海内外引起广泛关注。"青年英才计划"下设"培育工程"和"引进工程"，面向海内外重点引进和培养40岁以下具有国际视野和高水平的青年学科带头人及创新人才。2019年，有15名青年人才成为引进工程院级入选者，22名青年人才成为培育工程所级入选者。

高层次人才柔性引进

为进一步拓宽人才引进渠道，实行更积极、更开放、更有效的人才引进政策，坚持不为所有但为所用的原则，吸引和凝聚更多的国内外高层次农业科技人才，为现代农业发展服务，2018年，出台了《中国农业科学院高层次人才柔性引进管理暂行办法》，对于柔性引进人才，在项目申报、科研条件、人员配备等方面给予支持。

博士后工作

中国农业科学院博士后科研流动站设立于1991年，现有涉及理学、工学、农学和管理学四大学科领域，包括兽医学、畜牧学、作物学、植物保护、农林经济管理、农业资源与环境、生物学、园艺学、草学、农业工程、生态学11个博士后流动站，累计招收博士后1818人，包括168名留学回国人员和75名外籍人员。2019年，招收博士后167人，在站博士后520人，其中外籍17人。

▲ 中国农业科学院举办2019年新入职人员岗前培训班

智库建设

农业科技高端智库品牌影响力持续提升。在南京举办第二届"中国农业农村科技发展高峰论坛",持续发布系列农业智库专题研究报告:《2019全球农业研究热点前沿》持续公布了八大学科中的62个世界农业研究热点前沿;

《2019中国农业科技论文与专利全球竞争力分析》揭示了我国农业科技在全球的竞争水平;《2019中国农业科学重大进展》发布了10项代表2018年度我国农业科技前沿研究水平、取得重大突破性进展

的基础科学研究成果。论坛参会规模达1300余人,农业农村部及江苏省领导出席会议并讲话,多家主流媒体进行了系列报道,农业科技智库成果的影响力大幅提升。同时,持续加强我院宏观战略研究,形成《中国农业绿色发展报告2018》《中国农业产业发展报告(2019)》等一批农业战略研究成果和农业智库成果,为我院"两个一流"建设和新时代乡村振兴战略实施提供了有力的决策参考。

王汉中副院长、万建民副院长、梅旭荣副院长、孙坦副院长分别出席2019中国农业农村科技发展高峰论坛农业科技成果对接、农业生物技术、绿色农业与可持续发展、农业智能技术4个分论坛。

支撑保障能力

- 年度经费
- 人员构成
- 国内院地合作
- 国际科技合作
- 区域战略发展
- 科技平台
- 试验基地
- 知识产权
- 研究生教育

29

年度经费

2019年全院
总收入
80.29亿元

其中当年财政
拨款44.83亿元

人员构成

截至2019年年底，
我院共有从业人员
11323人。
其中在编职工6933人，编外
聘用人员4390人

工勤技能人员777人，
占11.21%

专业技术人员6031人，
（含双肩挑人员1484人）
占86.99%

管理人员1609人，
占23.21%

正式
在编
职工

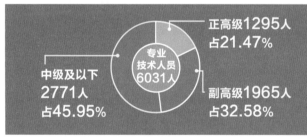

专业
技术人员
6031人

正高级1295人
占21.47%

副高级1965人
占32.58%

中级及以下
2771人
占45.95%

专业技术人员（研究生以上学历占77.65%）

博士学位2964人

硕士学位1719人

管理人员（研究生以上学历占61.84%）

博士学位539人
硕士学位456人

年龄在45岁以下746人，
占46.36%

工勤技能人员（大专以上学历147人，占18.92%）

技术一级岗位12人
技术二级岗位171人

年龄在45岁以下56人，
占7.21%

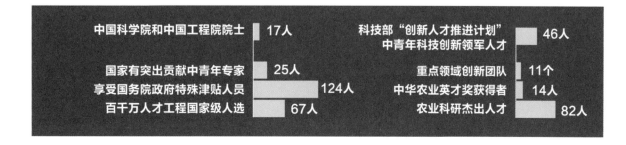

中国科学院和中国工程院院士 17人	科技部"创新人才推进计划"中青年科技创新领军人才 46人
国家有突出贡献中青年专家 25人	重点领域创新团队 11个
享受国务院政府特殊津贴人员 124人	中华农业英才奖获得者 14人
百千万人才工程国家级人选 67人	农业科研杰出人才 82人

30

国内院地合作

与四川省、湖南省、湖北省、深圳市、潍坊市、广安市、金华市、博尔塔拉州等地方政府签署了战略合作协议,在战略咨询、协同创新、共建试验示范基地、成果转化、技术培训、人才培养等领域开展合作,共同推进区域现代农业发展,促进乡村振兴与脱贫攻坚。

组织院属单位专家前往深圳、宁波、金华、广安、简阳、平凉、博州等地深入生产一线,通过承担试验示范项目、提供技术指导、编制发展规划、开展咨询建议等方式,解决了制约区域现代农业发展关键技术瓶颈问题。编制完成深圳国际食品谷发展规划,组织召开了国际研讨会,共建深圳国际食品谷取得了阶段性进展;总结了"乡村振兴宁波样板"、组织举办了乡村振兴腾头论坛和两期乡村振兴人才培训;为博州编制牛谷规划,起草了《关于博州发展工业大麻产业的思考与建议》等咨询报告;中国农业科学院培训中心培训基地在广安挂牌落地,先后组织30多名专家多次赴广安调研和开展技术培训,把中国农业科学院先进适用的品种、技术、成果及时送到农民手中。

▲ 中国农业科学院与深圳市人民政府签署全面战略合作协议

国际科技合作

2019年，中国农业科学院持续优化农业科技国际合作布局，不断推进与全球重点农业科研机构的合作交流，积极发挥对全球科技创新和可持续发展的促进作用，国际影响力进一步增强。

成功举办"第六届国际农科院院长高层研讨会（GLAST）"

全球39个国家400余名代表参会，农业农村部副部长张桃林、联合国粮食及农业组织（FAO）总干事屈冬玉及国际农业研究磋商组织（CGIAR）主要负责人参会致辞。会议以"科技促进农业农村绿色发展"为主题，讨论通过了《成都宣言》，展示了中国在农业农村绿色发展方面的成就和经验，也成为我院积极参与和推动落实联合国2030可持续发展目标的具体行动。

主导发起国际农业科学计划（CAASTIP）

计划5年投入1000万美元，聚焦前沿科技领域，衔接全球性综合研究计划，围绕全球农业科技热点重点问题，推动建立稳定的国际合作协同攻关机制，切实以科技创新服务乡村振兴、助推联合国可持续发展议程。计划得到了国际合作伙伴广泛关注和积极响应。

稳步提升科技创新支撑能力

2019年新增国际合作项目107项，新增经费总额1.09亿元。在华举办各类国际学术会议40场次，签署合作协议及谅解备忘录128份。新增17个海内外联合实验室等国际合作平台，"中国–罗马尼亚农业合作'一带一路'联合实验室"和"中国–哈萨克斯坦农业科学'一带一路'联合实验室"获中国科技部认定。与国外交流往来3000余人次。与国际合作伙伴联合发表高水平论文80余篇。

推动共享农业科技成果

在东南亚、中亚、非洲等地开展水稻、棉花等7种作物和6种蔬菜新品种科技示范合作，整合6套技术模式，增产示范效益明显；禽病疫苗的生产销售在印度尼西亚落地；初步建立了动植物疫病防控预警机制，服务跨境动植物疫病的联防联控。

积极参与全球农业科技治理

积极履行G20农业首席科学家倡议，推动建立农业技术与知识共享平台；参与联合国粮食及农业组织（FAO）总干事竞选助选工作；作为全球"粮食可持续

34

发展行动计划（Food Forever）"倡议人在农业生物多样性保护和利用等领域贡献中国智慧；成功召开亚太经合组织（APEC）农业技术合作工作组（ATCWG）第二十三届

年会；与CGIAR密切合作，推动双方在非洲猪瘟、草地贪夜蛾等动植物疫病研究与防控领域开展合作，在中国举办CGIAR第九届理事会会议。

区域战略发展

2019年，中国农业科学院以"建成世界一流农业科研院所"为目标，以实施科技创新工程为主线，在重大科研布局方面取得阶段性进展。

▲ 副院长刘现武赴国家成都农业科技中心调研核心区建设进展

国家成都农业科技中心

中国农业科学院和成都市政府共同打造国家级科研创新平台，开展具有地方特色的农业科技创新工作，是我院在西南地区的重要战略布局。2019年底，一期工程建筑已完成总建设量的60%，预计2020年10月交付使用。同步开展二期工程规划，提前谋划二期工程重点项目，努力推动"科技创新、成果转化、企业孵化、产业培育"协同发展。

▲ 西部农业研究中心规划图

西部农业研究中心

中国农业科学院与新疆维吾尔自治区人民政府在昌吉国家农业科技园区共建中国农业科学院西部农业研究中心。中心承载着国家农业科技"面向西部、辐射中亚"、集聚创新要素和实施"一带一路"倡议的重大使命。2019年8月，中心核心区综合服务楼主体结构封顶，预计2020年9月底完工。

▲ 北方水稻研究中心规划图

北方水稻研究中心

中国农业科学院在北方布局的第一个国家级水稻重大科研平台，聚焦国家粮食安全重大战略，围绕我国北方水稻种质资源创新、新品种选育、生理生态研究、栽培技术创新、土壤培肥及修复研究六大领域，以及北方水稻产业发展中共性技术、关键技术研发等开展科研攻关。于2020年6月开工建设。

科技平台

主要科学研究平台： 建有3个国家重大科技基础设施、6个国家重点实验室、1个省部共建国家重点实验室、22个农业农村部综合性重点实验室、40个农业农村部专业性重点实验室、30个农业农村部农产品质量安全风险评估实验室、52个院级重点实验室。

主要技术创新平台： 建有5个国家工程技术研究中心、5个国家工程实验室、1个国家地方联合工程实验室、2个国家工程研究中心、22个国家品种改良中心（分中心）、18个国家农业产业技术研发中心、32个院级工程技术研究中心。

主要基础支撑平台： 建有6个国家科技资源共享服务平台，12个国家农作物种质资源库、13个国家农作物种质资源圃，长期保存作物品种资源51万份，居世界第二位；建有5个国家野外科学观测试验站、3个国家级产品质量监督检验中心、32个部级质量监督检验测试中心、5个国家农业检测基准实验室、9个国家参考实验室和专业实验室、2个联合国粮农组织（FAO）参考中心和7个世界动物卫生组织（OIE）参考实验室。拥有农业专业书刊馆藏亚洲第一、世界第三的国家农业图书馆。

▲ 国家农业图书馆

试验基地

中国农业科学院科研试验基地网络由试验示范、观测监测、中试转化三大基地体系组成，共计118个基地，分布在除重庆、贵州、陕西、宁夏等以外的27个省（自治区、直辖市），土地总面积9.12万亩，其中拥有产权的土地面积4.47万亩，建设用地面积5802亩。全院基地管理相关人员1078名，其中专兼职在职人员514人，长期合同聘用人员564人。

2019年，全院在试验基地共实施基本建设、修缮购置等建设项目54个，经费5.74亿元，新增建筑面积3.66万米²，改造试验田1811亩，购置农机具142台（件），仪器设备2963台（套）。以试验基地数据为支撑，全院共获得省部级以上科技奖励成果56项，发表高水平论文1405篇，审定新品种182个，获得授权专利465项。

在试验基地举办现场会、观摩会606次，参加人员4.9万人次；基地开放日615次，参加人员2.7万人次；举办技术培训班847次，培训农民和技术人员5万人次；推广新品种1054个，推广面积4740万亩；新技术178个，推广面积8924万亩；推广新产品66个，畜禽14.5万头。

知识产权

提升高质量知识产权创造，院创新团队首席培训班开设"创新团队专利质量提升的思考与建议"专题，5个研究所开展"知识产权服务科研一线"系列巡回培训，举办院专利数据分析软件视频培训班；8个创新团队聘请专家加大了专利布局和PCT专利分析申报力度；全院积极申报中国专利奖，获1项银奖、5项优秀奖。拓宽科技成果转化渠道，举办首届全国农业科技成果转化大会等系列成果展示推介对接活动；帮助创新团队解决亟须中试孵化条件等问题，强化知识产权转化运用。

▲ 2019（首届）全国农业科技成果转化大会

◀ 中国农业科学院纳米药物成果转化基地落地平谷

研究生教育

2019年中国农业科学院研究生院全面推进"一流研究生院"和"一流学科"建设,研究生教育质量和办学水平持续提升。成功举办研究生教育改革发展暨研究生院建院40周年交流会、全球视野下研究生教育研讨会和建院40周年成就展。新增兽医博士专业学位授权点。兽医学院首次实行博士生招生"申请-考核制",首次招收直博生。成功获得国内首批高等学校来华留学教育与管理质量认证。成立中国农业科学院校友办公室并挂牌"校友之家"。

研究生院现有研究生导师2251人,其中中国科学院院士和中国工程院院士17人,博士生导师849人,专兼职教师566人。开设中文授课课程173门,英文授课课程39门。在校研究生5453人,其中博士研究生2038人,学术型硕士生1523人,专业学位硕士生1892人。2019年招收研究生1716人,其中博士生538人,学术型硕士生511人、专业学位硕士生667人。2019年授予博士学位355人,授予硕士学位916人,毕业研究生995人,毕业生总体就业率达95.56%。高校联合培养博士生规模位居全国第二,国内农林类招生单位第一。

2019年,招收留学生118人,其中博士生104人、硕士生

▲ 留学生参加"书香海淀"诗词朗读日活动

▲ 中外合作办学项目外方授课老师与项目学生合影

13人、进修生1人。现在校留学生522人(博士生466人、硕士生51人、进修生5人),其中中国政府奖学金生306人,来自58个国家,涵盖42个专业,在校博士留学生规模位于全国高校第六位、国内农林类高校第一位。2019年毕业留学生100人(博士92人、硕士8人),5名博士留学生获研究生院2018—2019学年"高水平论文奖",毕业留学生人均发表论文数、单篇最高影响因子和在校生"高水平论文奖"篇数均创历史新高。

2019年,中外合作办学项目招收博士生40人、毕业博士生16人。现有在校生164人,涉及28个研究所、32个专业。研究生院与国外大学和科研机构签订研究生教育合作谅解备忘录3个。

附录
- 中国农业科学院组织机构图
- 主要科技平台设置

40

中国农业科学院组织机构图

院长　　党组书记

党组副书记、副院长、党组成员

院 机 关

院办公室　　科技管理局
人 事 局　　财 务 局
基本建设局　　国际合作局
成果转化局　　直属机关党委
监 察 局

后勤服务中心（局）

中国农业科学院研究生院

在京研究所

作物科学研究所
植物保护研究所
蔬菜花卉研究所
农业环境与可持续发展研究所
北京畜牧兽医研究所(中国动物卫生与
流行病学中心北京分中心)
蜜蜂研究所
饲料研究所
农产品加工研究所
生物技术研究所
农业经济与发展研究所
农业资源与农业区划研究所
农业信息研究所
农业质量标准与检测技术研究所
（农业农村部农产品质量标准研究中心）
农业农村部食物与营养发展研究所

中国农业科学技术出版社有限公司
(中国农业科学院农业传媒与传播研究中心)

京外研究所

农田灌溉研究所（河南新乡）
中国水稻研究所（浙江杭州）
棉花研究所（河南安阳）
油料作物研究所（湖北武汉）
麻类研究所（湖南长沙）
果树研究所（辽宁兴城）
郑州果树研究所
茶叶研究所（浙江杭州）
哈尔滨兽医研究所(中国动物卫生
与流行病学中心哈尔滨分中心)
兰州兽医研究所(中国动物卫生
与流行病学中心兰州分中心)
兰州畜牧与兽药研究所
上海兽医研究所(中国动物卫生
与流行病学中心上海分中心)
草原研究所（内蒙古呼和浩特）
特产研究所（吉林长春）
农业农村部环境保护科研监测所（天津）
农业农村部沼气科学研究所（四川成都）
农业农村部南京农业机械化研究所（江苏南京）
烟草研究所（山东青岛）
农业基因组研究所（广东深圳）
都市农业研究院（四川成都）

共建单位

柑桔研究所（重庆）
甜菜研究所（黑龙江呼兰）
蚕业研究所（江苏镇江）
农业遗产研究室（江苏南京）
水牛研究所（广西南宁）
草原生态研究所（甘肃兰州）
家禽研究所（江苏扬州）
甘薯研究所（江苏徐州）
长春兽医研究所
深圳生物育种创新研究院

41

主要科技平台设置

国家重大科学工程

序号	平台名称	研究方向	依托单位
1	农作物基因资源与基因改良国家重大科学工程	新基因发掘与种质创新、作物分子育种、作物功能基因组学、作物蛋白组学、作物生物信息学	作物科学研究所 生物技术研究所
2	国家农业生物安全科学中心	重大农林病虫害、外来入侵生物、农林转基因生物安全	植物保护研究所

国家重点实验室

序号	实验室名称	研究方向	依托单位
1	植物病虫害生物学国家重点实验室	植物病害成灾机理、监测预警与综合治理、植物虫害成灾机理、监测预警与综合治理、生物入侵机制与防控、植保生物功能基因组与基因安全	植物保护研究所
2	动物营养学国家重点实验室	营养需要与代谢调控、饲料安全与生物学效价评定、营养与环境、营养与免疫、分子营养	北京畜牧兽医研究所
3	水稻生物学国家重点实验室	水稻种质改良与创新遗传学、水稻发育生物学、水稻环境生物学和分子育种	中国水稻研究所
4	兽医生物技术国家重点实验室	畜禽传染病的分子生物学基础、致病及免疫机制，以及预防、诊断或治疗用细胞工程和基因工程制剂	哈尔滨兽医研究所
5	家畜疫病病原生物学国家重点实验室	动物和主要人畜共患病的病原功能基因组学、感染与致病机理、病原生态学、免疫机理、疫病预警和防治技术基础	兰州兽医研究所
6	棉花生物学国家重点实验室	棉花基因组学及遗传多样性研究、棉花品质生物学及功能基因研究、棉花产量生物学及遗传改良研究、棉花抗逆生物学及环境调控研究	棉花研究所

国际参考实验室

序号	实验室名称	研究方向	依托单位
1	FAO动物流感参考中心	跨境动物疫病、人畜共患病防控	哈尔滨兽医研究所
2	FAO沼气技术研究培训参考中心	沼气相关领域的政策研究和技术支撑	农业农村部 沼气科学研究所
3	OIE马传染性贫血参考实验室	以马传染性贫血等为主的马的重要传染病病原学与致病机理及诊断、防控技术研究；同时开展以马传染性贫血为模型的慢病毒免疫机制研究	哈尔滨兽医研究所
4	OIE马流感参考实验室	马流感的诊断、流行病学、病原学研究以及诊断试剂和防控疫苗的研发	哈尔滨兽医研究所
5	OIE口蹄疫参考实验室	口蹄疫诊断，生态学、分子流行病学、免疫学研究，防控技术及产品研究	兰州兽医研究所
6	OIE羊泰勒虫病参考实验室	羊泰勒虫病病原鉴定、流行病学、诊断技术和防控策略研究	兰州兽医研究所
7	OIE禽传染性法氏囊病参考实验室	禽免疫抑制	哈尔滨兽医研究所
8	OIE禽流感参考实验室	高致病性禽流感诊断、流行病学监测、致病机理和防控技术	哈尔滨兽医研究所
9	OIE人兽共患病亚太协作中心	动物疫病防控	哈尔滨兽医研究所

高级别生物安全实验室

序号	实验室名称	研究方向	依托单位
1	国家动物疫病防控高级别生物安全实验室	满足国家生物安全战略和国家公共卫生防控需求，开展重大人兽共患病与烈性外来病相关基础研究和应用研究	哈尔滨兽医研究所